泉美智子・文　石川友子・圖　唐亞明・譯

經濟學是什麼？

④ 如果國營企業民營化

香港中文大學出版社

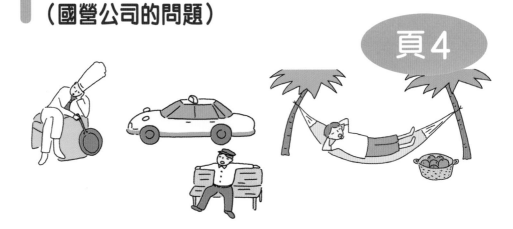

泉美智子·文　石川友子·圖　唐亞明·譯

3 蒂羅林島的企業實行民營化！
（股份公司的構造）

頁24

4 民營化使島嶼面貌一新！
（民營化的優點和作用）

頁34

1 蒂羅林島是「懶人」島？

（國營公司的問題）

這裏是綠樹成蔭的蒂羅林島。這是一個人口僅有10萬人的小島國。

去年，國王逝世後，由女王統治這個國家。

國王逝世前，生活奢侈；而女王則不同，她生活樸素，和善低調。

一想到島上的人民生活貧困，女王就非常不安。

這個島國的經濟，主要靠「旅遊資源」支撐。

島的四周大海碧藍清澈。

島上有兩個水力發電站，充分保障了人們的電力需求。

這個島上沒有工廠。

蒂羅林島因風光明媚而著稱。

被綠色覆蓋的島嶼中部，有一個美麗的湖泊。

已故國王之所以能過上奢華的生活，

是因為他壟斷了旅遊業的收入。

島上的居民大多從事與酒店、餐廳、

港口、旅遊巴士、的士等有關的工作；

或是靠栽種蔬菜水果，在海裏和湖裏捕魚維持生計。

糧食、汽車、電器、藥品、船、衣服、牛肉等物資，

全部依賴從國外進口。

由於旅遊資源豐富，

大批遊客來到這裏消費。

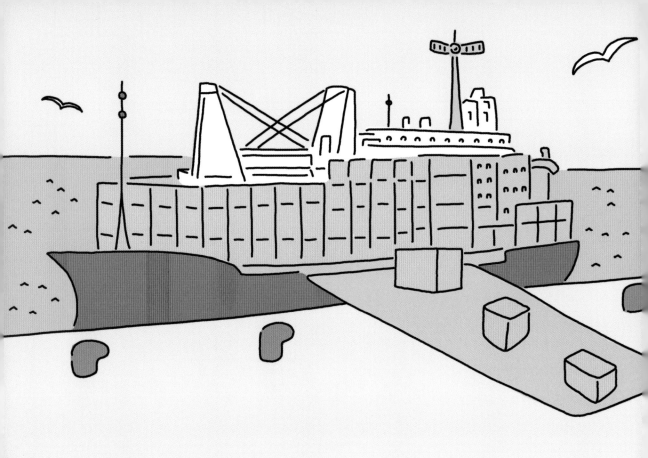

不論是酒店、餐廳，還是農業、漁業，

都由國王出資的公司經營。

所以，島上的居民直接從國王那裏領取工資。

旅遊收入的很大一部分，

要用來進口糧食和工業產品。

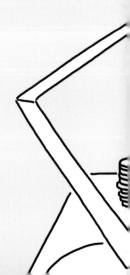

以前，國王獨吞了餘額的一半以上，

而發給每個居民的工資卻很低。

善良的女王執政後，

削減了王室收入，提高了居民的工資。

女王想：「每個人的工資不一樣不是件好事情，

發給所有人相同的報酬吧。」

但是，如果幹活與不幹活的人，勤勞與懶惰的人報酬相同，

而且還能維持生活的話，

那麼拚命工作的人就會覺得吃了虧。

蒂羅林島的許多居民開始在上班時打瞌睡，或是閒聊，

或是無故曠工。

在酒店和餐廳工作的員工，

待客態度惡劣。

連酒店前台和餐廳侍應，

對客人都是一副愛理不理的樣子，

簡直令人看不下去。

儘管如此，女王也不在乎，她說：

「只要大家高高興興地生活，不也挺好嗎？」

與其他國家的遊覽勝地相比，蒂羅林島的酒店、

餐廳和旅遊巴士等服務行業，服務品質實在太差了。

遊客開始減少。

遊客在島上逗留的天數也大大縮短了。

旅遊收入減少，意味着蒂羅林島居民的薪水下降，

居民的生活更加貧窮了。

由於沒有資金維修公路和港口，

整個島國顯得又髒又破。

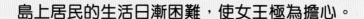

島上居民的生活日漸困難，使女王極為擔心。

她決心前往距離最近的霧音島，

與該島的國王亨利·波爾特三世會談。

說是近，但乘船也要5小時。

女王在霧音島下船後，大吃一驚。

港口上，遊客正在興高采烈地購物。

餐廳裏擠滿了外國人。侍應的服務周到得體。

前往亨利國王居住的城堡途中，女王從的士的車窗裏，

看到了與蒂羅林島大不相同的景色。

導遊正在用流利的英語為各國遊客講解。

年輕人為上了年紀的遊客提包帶路。

女孩們唱着霧音島民歌，

跳着島上世代相傳的舞蹈，歡迎遊客。

女王自言自語道：「這一切令人多麼愉快！」

女王沿途看到霧音島的風景，使她想起了蒂羅林島。

這裏的明朗和蒂羅林島的陰暗，形成了鮮明的對照。

她想：「為什麼如此不同呢？」

「亨利國王一定會解答我的疑問。」

女王的期待心情愈加迫切。

女王想着想着，來到了城堡。

女王如實地告訴亨利國王，

蒂羅林島遊客日漸減少，居民越來越窮，

自己極為不安。

亨利國王是這樣回答她的：

「蒂羅林島引以自豪的只有旅遊資源吧，

要使貴國繁榮，除了吸引遊客別無他法。

遊客增加1倍，居民收入就會增加1倍，

王室的收入也會增加1倍嘛。

用那筆收入建設和維修公路、橋梁、港口等設施，

貴國就會變得更美好。」

可是，女王不知如何使遊客增多。

她又繼續問國王。

「那很簡單嘛！貴國遊客減少的原因，主要是啊，
酒店和餐廳的服務品質太差了。」
正如亨利國王所說，在蒂羅林島度假後再來霧音島的遊客，
無不異口同聲地批評蒂羅林島的服務，說再也不想去了。
國王說：「我勸貴國把酒店、餐廳、的士、旅遊巴士，
全部民營化！」

國王又得意地說道：

「我島經濟景氣，是因為10年前，

我把國營設施和石油聯合企業等，

都實行了民營化。」

3

蒂羅林島的企業實行民營化！
（股份公司的構造）

「為什麼國營就辦不好呢？」女王感到難以理解。

「問題在於『競爭』啊！」

蒂羅林島有5家酒店。

「如果這5家酒店實行民營化，它們就會互相競爭。」

民營，意味着酒店的利潤將分配給老闆和員工。

所以，酒店理所當然地希望更多的客人來住。

競爭什麼呢？住宿費、前台服務、房間設備、餐廳飯菜的口味等等，

這些都要競爭。

而且，由誰來決定薪水也很重要。

能幹的人工資高，不能幹的人只好拿低工資。

公司老闆責任重大，工資當然高。

善良溫和的女王，

覺得競爭簡直就像戰爭一樣，太殘酷了。

「如果各酒店互相競爭，

那肯定會出現勝負吧。」

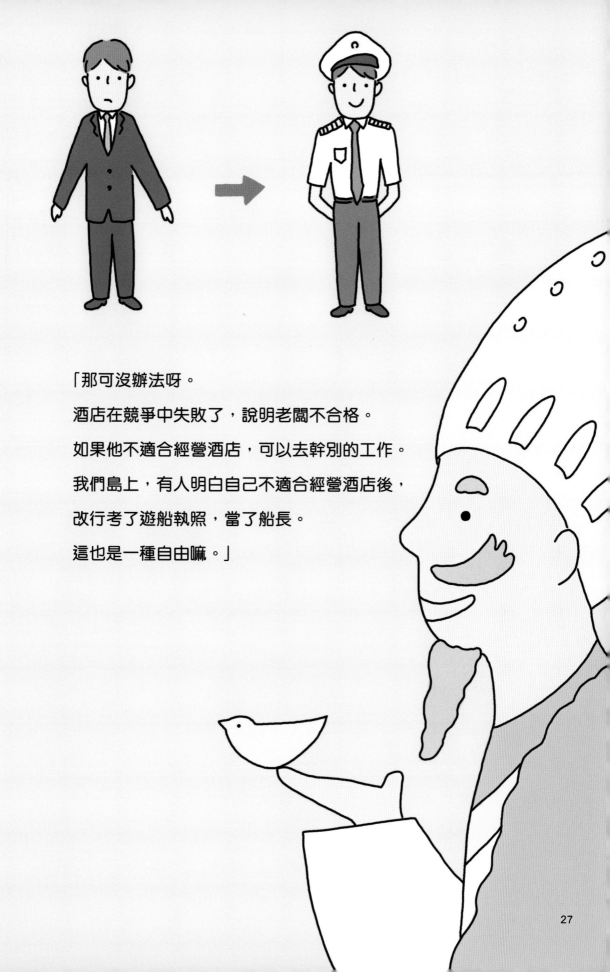

「那可沒辦法呀。

酒店在競爭中失敗了，說明老闆不合格。

如果他不適合經營酒店，可以去幹別的工作。

我們島上，有人明白自己不適合經營酒店後，

改行考了遊船執照，當了船長。

這也是一種自由嘛。」

女王有點動心了。

亨利國王拿出一張大紙，用筆在紙上一邊畫圖，

一邊以酒店經營為例進行講解。

蒂羅林島最大的桑特斯酒店，「資產」是它的土地、

建築和信譽等。

可以把這些資產變成股票，賣給島上的居民和外國人。

出資

投資

對桑特斯酒店的發展滿懷希望的人，就會投資購買股票。

投資人成為公司的股東。

公司則根據利潤向股東們分配紅利。

股東召開股東大會，選出經營者。

如果公司的經營沒有達到預期的效果，

可以召開股東大會，更換董事。這種形式就叫股份公司。

「原來如此。」

女王終於明白了什麼是股份公司。

「可是，要評估酒店和餐廳的資產，

還要找購買股票的人，這可不容易。

我們蒂羅林島好像沒有這樣的人材呀。」

「那我為你介紹伏利吉斯國的托馬斯‧帕特里克先生吧。

我島成立股份公司時，他幫了我們大忙。」

亨利國王立刻撥通了帕特里克先生的電話，

希望他擔任蒂羅林島國的經濟部長。

女王說：「衷心感謝亨利國王！
我們一定讓蒂羅林島變得生氣勃勃，
遊客如雲，酒店爆滿，使世人刮目相看。」
女王興高采烈地離開了霧音島。

一回到蒂羅林島，女王就召集酒店和餐廳的老闆開會，

向他們講解什麼是股份公司。

會上，很多人提問或提意見：

「怎麼評估資產呢？」

「我們能當經理嗎？」

「我覺得目前這樣就很好嘛。」

「我們一定提高服務品質，但不希望改變現狀⋯⋯」

看來，並不是所有人都希望轉變的。

女王想：「那就拜托帕特里克先生吧。」

4

民營化使島嶼面貌一新！
（民營化的優點和作用）

培養肩負未來的優秀人材，對蒂羅林島極為重要。

特別是要推廣英語教學。

因為用英語可以和大多數遊客交流。

蒂羅林島國決定，每年選派20名年輕人到美國留學。

蒂羅林島擴建了港口，以便大型遊輪靠岸。

為了保證外國遊客的安全，

還增加了警衛人員和消防隊員。

酒店變成了股份公司。

帕特里克先生在首屆股東大會上建議：

由購買股票最多的人擔任總經理。

會場上響起了熱烈的掌聲。

經營酒店，當然要靠總經理的能力，

但是改變全體員工的心態也極為重要。

新任總經理嚴肅地說：

「為了讓更多的遊客住酒店，

我們要講究餐廳的飯菜口味，

提高服務品質，絕不能輸給別的酒店。

大家努力吧！」

酒店的服務眼見着好起來，

餐廳的飯菜也變得可口了。

滿載着遊客的遊船，游弋在島嶼中部的湖面上，

旅遊巴士座無虛席，的士站前排起了長隊。

沒過多久，遊客就增加了1倍。

外國股東到處宣傳蒂羅林島。

變成股份公司的酒店，向各國遊客大量分發宣傳品，

對招攬客人也起了作用。

股東們分到了豐厚的紅利，非常滿意。

餐廳生意興隆，員工們拿到了獎金。

帕特里克先生來到蒂羅林島已經3年了。

現在，島上充滿生氣，變化之大令人難以置信。

從美國留學歸來的年輕人，

一直協助帕特里克先生工作。

看到這些年輕有為的青年，

帕特里克先生開始考慮：

「我快到退休的時候了……」

他對女王說：「我打算回伏利吉斯國。

那些留學歸來的年輕人，

一定會使這個島國更加美好富饒。」

帕特里克先生啟程回國的那天早上，

港口上擠滿了前來送行的人。

蒂羅林島的山山水水，

也似乎戀戀不捨地向他告別。

女王眼含熱淚，與帕特里克先生緊緊握手。

她說：「再見了，帕特里克先生！

因為您，蒂羅林島富裕起來了。

請您保重身體，一定要常來島上玩，一定呀！」

文：泉美智子

「兒童環境‧經濟教育研究室」代表，理財規劃師、日本兒童文學作家協會會員，曾任公立鳥取環境大學經營學部準教授。她在日本全國舉辦面向父母和兒童、小學生、中學生的經濟教育講座，同時編寫公民教育課外讀物和紙芝居（即連環畫劇）。主要著作有《保險是什麼？》（近代セールス社，2001）、《調查一下金錢動向吧》（岩波書店，2003）、《電子貨幣是什麼？》（1–3）（汐文社，2008）、《圖說錢的秘密》（近代セールス社，2016）等。

圖：石川友子

插圖畫家、日本圖書設計家協會會員，擅長書籍、廣告、雜誌、網頁插圖和設計。出生於東京，畢業於東京Setsu Mode Seminar，曾榮獲塔納優秀獎、下谷二助獎、The Choice獎、PATER獎等。

譯：唐亞明

在北京出生和成長，畢業於早稻田大學文學系、東京大學研究生院。1983年應「日本繪本之父」松居直邀請，進入日本最權威的少兒出版社福音館書店，成為日本出版社的第一個外國人正式編輯，編輯了大量優秀的圖畫書，多次榮獲各種獎項。曾任「意大利波隆那國際兒童書展」評委、日本國際兒童圖書評議會（JBBY）理事、全日本華僑華人文學藝術聯合會會長，以及日本華人教授會理事。主要著作有《翡翠露》（獲第8屆開高健文學獎勵獎）、《哪吒和龍王》（獲第22屆講談社出版文化獎繪本獎）、《西遊記》（獲第48屆產經兒童出版文化獎）等。

《經濟學是什麼？④如果國營企業民營化》

泉美智子 著
石川友子 圖
唐亞明 譯

繁體中文版 © 香港中文大學 2019
『はじめまして！10歳からの経済学〈4〉もしも国営会社が民営化されたら』© ゆまに書房

國際統一書號（ISBN）：978-988-237-137-8

出版：香港中文大學出版社
香港 新界 沙田‧香港中文大學
傳真：+852 2603 7355
電郵：cup@cuhk.edu.hk
網址：www.chineseupress.com

What is Economics?
④ *What If State-Owned Enterprise Becomes Private*
By Michiko Izumi
Illustrated by Tomoko Ishikawa
Translated by Tang Yaming

Traditional Chinese Edition © The Chinese University of Hong Kong 2019
Original Edition © Yumani Shobo

ISBN: 978-988-237-137-8

Published by The Chinese University of Hong Kong Press
The Chinese University of Hong Kong
Sha Tin, N.T., Hong Kong
Fax: +852 2603 7355
Email: cup@cuhk.edu.hk
Website: www.chineseupress.com

Printed in Hong Kong